JINGDIAN BINGQI DIANCANG

经典兵器典藏

突击勇士——

冲锋枪

崔钟雷 主编

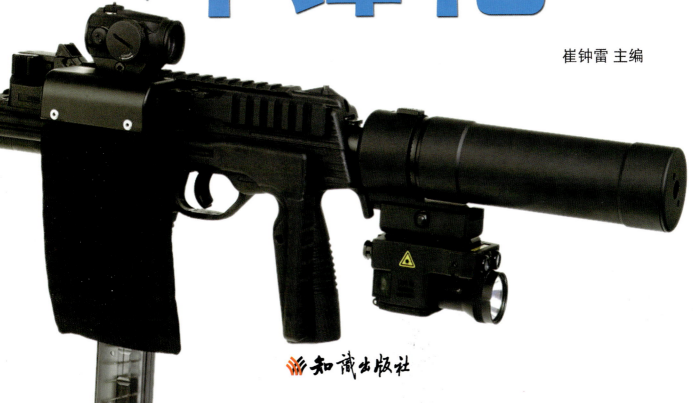

知藏出版社

前言
FOREWORD

[拂去弥漫的战场硝烟
　　续写世界经典兵器的旷世传奇]

　　自古至今,战争中从未缺少兵器的身影,和平因战争而被打破,最终仍旧要靠兵器来捍卫和维护。兵器并不决定战争的性质,只是影响战争的进程和结果。兵器虽然以其冷峻的外表、高超的技术含量和强大的威力成为战场上的"狂魔",使人心惊胆寒。但不可否认的是,兵器在人类文明的发展历程中,起到了不可替代的作用,是维持世界和平的重要保证。

　　我们精心编纂的这套《经典兵器典藏》丛书,为读者朋友们展现了一个异彩纷呈的兵器世界。在这里,"十八般兵器应有尽有,海陆空装备样样俱全"。只要翻开这套精美的图书,从小巧的手枪到威武的装甲车;从潜伏在海面下的潜艇到翱翔在天空中的战斗机,都将被你"一手掌握"。本套丛书详细介绍了世界上数百种经典兵器的性能特点、发展历程等充满趣味性的科普知识。在阅读专业的文字知识的同时,书中搭配的千余幅全彩实物图将带给你最直观的视觉享受。选择《经典兵器典藏》,你将犹如置身世界兵器陈列馆中一样,足不出户便知天下兵器知识。

编　者

目录
CONTENTS

 ## 德国冲锋枪

 ## 意大利冲锋枪

目录
CONTENTS

其他国家冲锋枪

美国冲锋枪

M1/M1A1 冲锋枪

1942 年,美国在 M1928A1 冲锋枪的基础上,研制出新型冲锋枪——M1 冲锋枪,并正式装备军队,M1 冲锋枪成为美军第一支制式冲锋枪。后来,美国又在 M1 冲锋枪的基础上研制出 M1A1 冲锋枪。

M1 冲锋枪是一种枪管短、发射手枪子弹的抵肩或手持射击的轻武器,可装备步兵、伞兵、侦察兵、炮兵、摩步兵等不同兵种。M1 冲锋枪虽然具有威力大、火力猛的优点,但也存在不足之处,如结构复杂,枪身较长,重量较大。

❯ 结构特点

M1 冲锋枪将 M1928A1 冲锋枪上的 H 形枪机延迟机构取消,工作原理改为自由枪机式。

❯ 供弹

M1 冲锋枪只能使用弹匣供弹,不能使用弹鼓,其机匣比 M1928A1 冲锋枪略窄些。

M1 冲锋枪基本数据

口径:11.43 毫米

枪长:811 毫米

枪重:4.78 千克

弹容:20 发 / 30 发

有效射程:200 米

理论射速:600~700 发 / 分

▶▶ M1A1 冲锋枪

M1A1 冲锋枪是 M1 冲锋枪的简化版,它是美国最后一款军用汤普森冲锋枪。

生产数量

M1A1 冲锋枪于 1942 年 10 月定型,当年生产了 8 552 支,1943 年的产量为 526 500 支。1944 年,M1 冲锋枪停产,M1A1 冲锋枪的产量为 4 091 支,成为第二次世界大战的著名冲锋枪之一。

M3 冲锋枪

▶ 构造简单

M3 冲锋枪构造简单，使用钢丝制成的枪托可以折叠起来，减小枪身体积。

1942 年 10 月，美国陆军技术部正式推出了新型冲锋枪的研发计划，这个计划催生的新型冲锋枪便是 M3 冲锋枪。M3 冲锋枪出色的生产性能使其成为一种易于大量生产的冲锋枪，它较慢的射速使之具备了在射击中易于控制的优点。1943 年秋，美军开始装备 M3 冲锋枪。参与实战的 M3 冲锋枪缺点逐渐显露出来，美国陆军决定重新设计新型冲锋枪，承接这项工作的通用汽车公司于 1944 年推出了 M3 冲锋枪的改进型号——M3E1 冲锋枪。

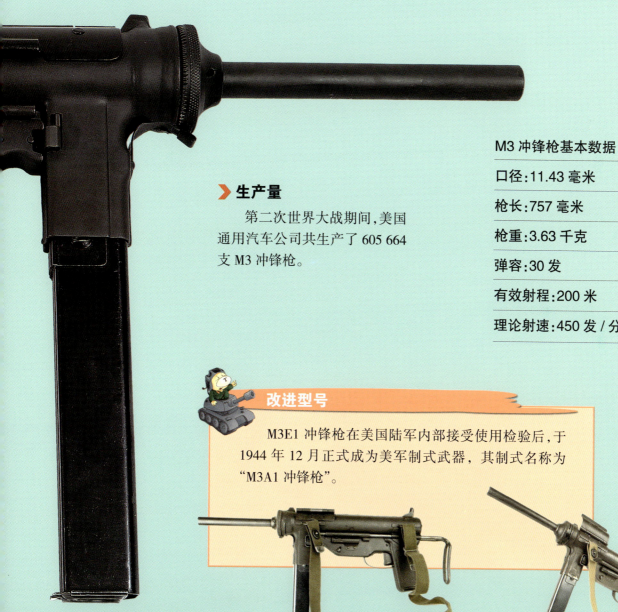

生产量

　　第二次世界大战期间，美国通用汽车公司共生产了 605 664 支 M3 冲锋枪。

M3 冲锋枪基本数据

口径 : 11.43 毫米	
枪长 : 757 毫米	
枪重 : 3.63 千克	
弹容 : 30 发	
有效射程 : 200 米	
理论射速 : 450 发 / 分	

改进型号

　　M3E1 冲锋枪在美国陆军内部接受使用检验后，于 1944 年 12 月正式成为美军制式武器，其制式名称为"M3A1 冲锋枪"。

M10/M11 冲锋枪

M10 和 M11 冲锋枪都是世界名枪，并且都深受美国、英国、玻利维亚、哥伦比亚、危地马拉、洪都拉斯、以色列、葡萄牙、委内瑞拉等国家的警察和特种部队喜爱。M10 和 M11 冲锋枪的结构紧凑，大量采用高强度钢板冲压件，结实耐用，可安装消声器。M10 和 M11 冲锋枪采用自由枪机式工作原理，它们的结构基本相同：机匣分为上下两部分，上机匣内为枪机和枪管，下机匣内为发射机、保险机构和快慢机。

▶ 设计生产

1964 年，美国人戈登·英格拉姆开始设计 M10 和 M11 冲锋枪。1969 年，美国军用武器装备公司开始批量生产这两种冲锋枪。

市场应对

在竞争激烈的世界武器市场内，为了提高竞争力，美国军用武器装备公司生产的 M10 和 M11 冲锋枪都有标准型和民用型两种型号。其中，标准型为军队和警察专用冲锋枪。

M10 冲锋枪基本数据

口径:11.43 毫米 / 9 毫米

枪长:548 毫米

枪重:2.84 千克

弹容:30 发

有效射程:100 米

理论射速:1 145 发 / 分

▶ 战术附件

    M11 冲锋枪可以外接战术导轨,用以安装战术附件。

▶ 帆布把手

    M10 冲锋枪的机匣前端枪管上挂有一个帆布把手,便于射手在射击时控制枪口上跳。

柯尔特 9 毫米冲锋枪

▶ 设计特点

柯尔特 9 毫米冲锋枪的机匣用铝合金制成,其上安装有提把。而扳机护圈可向下打开,便于射手戴手套时扣动扳机。

▶ 性能特点

柯尔特 9 毫米冲锋枪短小轻便,而且通过优化结构设计达到减小后坐力的效果,以实现高精度射击。

▶ 外形特点

在外观上,柯尔特 9 毫米冲锋枪与 AR-15 步枪很相似,而枪托、握把、提把、护木和机匣等部件的设计都带有明显的步枪色彩。

> **前护木**

　　柯尔特 9 毫米冲锋枪的前护木由塑料制成，护木上有多圈环槽，保证使用者在射击的过程中可以牢牢地控制住该枪。

　　柯尔特 9 毫米冲锋枪由美国柯尔特公司制造，它的作战用途是杀伤近距离内的有生目标。目前，柯尔特 9 毫米冲锋枪列装于美国执法机构和海军陆战队。另外，该枪的出口数量也在不断增加。柯尔特 9 毫米冲锋枪在设计上采用直线式结构，枪管、枪机、后坐缓冲装置和伸缩式管状枪托成直线配置，枪弹击发后，后坐力直接作用于射手的肩上，使枪口跳动减小，提高射击精度。

柯尔特 9 毫米冲锋枪基本数据

口径：9 毫米

枪长：730 毫米

枪重：2.59 千克

弹容：20 发 /32 发

有效射程：100 米

理论射速：700~1 000 发 / 分

American–180 冲锋枪

American-180 冲锋枪基本数据

口径：5.59 毫米

枪长：406 毫米

枪重：6.4 千克

弹容：180 发

有效射程：100 米

理论射速：1 200 发 / 分

American-180 冲锋枪是以 Casull290 型 5.59 毫米口径半自动步枪为原型，由美国枪械设计师理查德·卡素设计出来的一种超大容量的小口径步枪，该枪装填一次弹药可以维持较长的射击时间。之所以称其为"180"，是由于这种冲锋枪的弹鼓可装 180 发枪弹。虽然 American-180 冲锋枪优点很多，但其威力较小，这也是令人遗憾之处。

M76 冲锋枪

　　1967 年 1 月，M76 冲锋枪样枪试射表现出色，定型生产后被命名为史密斯—韦森M76型冲锋枪。经测试机构认定，该枪性能较好，经久耐用，但由于没有特别之处，该枪未能引起美国海军和其他兵种的兴趣，最终于 20 世纪 60 年代末停产。此前生产的几千支 M76 冲锋枪多被司法部门和一些收藏家购买。M76 冲锋枪采用自由枪机式工作原理，开膛待击，可单发或连发射击，该枪大部分部件和弹匣与卡尔—古斯塔夫冲锋枪相同，只有少量部件经过特别改进。

▶ 设计缺陷

　　M76 冲锋枪并未设计枪管固定导槽，枪管与护筒的连接不是特别牢固，所以分解再组装以后，射击精度会受到明显的影响。

▶ 枪托

M76 冲锋枪的枪托由简单的薄钢板制成,可以向左折叠,但稳定性不高。

▶ 结构特点

M76 冲锋枪的握把和弹匣插座焊接在机匣底部。击发机构安装在机匣下方,可拆卸下来进行维护。

M76 冲锋枪基本数据

口径:7.62 毫米

枪长:914 毫米

枪重:3.6 千克

弹容:15 发 / 20 发 / 30 发

有效射程:100 米

理论射速:700 发 / 分

KRISS Super V 冲锋枪

　　2005 年底，美国 TDI 公司发布了一种名为 KRISS Super V 的冲锋枪。这是一种后坐力极低的冲锋枪，在科罗拉多的 SHOT Show 上，KRISS Super V 冲锋枪以其有趣的外形和独特的动作机构成为 2007 年 SHOT Show 上最受瞩目的武器之一。

▶▶ **先进技术**

　　KRISS Super V 冲锋枪采用了一种把后坐冲力向下方转移的技术，枪口在射击的时候基本不会上跳。

KRISS Super V 冲锋枪基本数据

口径：11.43 毫米

枪长：406 毫米

枪重：2.18 千克

弹容：13 发 / 28 发

有效射程：100 米

理论射速：800~1 100 发 / 分

▶ 重量轻

　　KRISS Super V 冲锋枪比同类同等大小的武器轻 50%，这正是大量采用新型材料和优化枪械结构的结果。

人性化设计

　　KRISS Super V 冲锋枪装填拉柄的杠杆形把手在不用的时候会在弹簧的作用力下自动平贴在机匣侧面，因此，射手在携带或做战术动作时不容易钩挂。

▶ 用途

KRISS Super V 冲锋枪外形小巧,方便携带,适合非一线作战人员用作自卫武器。

▶ 设计细节

KRISS Super V 冲锋枪采用人体工程学设计,枪托与膛室连成一条直线,射手在射击时能更加舒适。

KRISS Super V 冲锋枪的原型枪外形虽然很奇特,但在定型前很多方面都经过了改进,该枪也因此变得更加实用。其枪管延长至 139.7 毫米,水平位置也抬高了,原型枪的枪管在靠近握把底部的位置上,定型后枪管与扳机的水平位置相同。

俄罗斯冲锋枪

PPSh41 冲锋枪

　　PPSh41 冲锋枪是苏联著名轻武器设计师斯帕金设计的,该枪经过 1940 年末至 1941 年初的试验后,于 1941 年正式列装军队,并于 1942 年开始大批量生产。到 20 世纪 40 年代末,PPSh41 冲锋枪的总产量超过五百万支。PPSh41 冲锋枪在战斗中被证明是一款性能卓越的武器。虽然 PPSh41 冲锋枪与德国的 MP40 冲锋枪相比,显得十分平凡,但该枪比 MP40 更加可靠,射速更快,弹药量是 MP40 的两倍,还可以使用威力更大的枪弹,因此它被誉为"第二次世界大战时期最好的冲锋枪"。

❯ 设计特点

　　PPSh41 冲锋枪的首要设计目标是结实耐用,并要适于大规模生产,所以在设计的过程中,生产商并没有对成本提出过高要求,因而该枪才会出现木质枪托和散热筒等对于其他冲锋枪而言很奢侈的部件。

PPSh41 冲锋枪基本数据

口径：7.62 毫米

枪长：843 毫米

枪重：3.64 千克

弹容：35 发 / 70 发

有效射程：100~200 米

理论射速：900 发 / 分

AEK–919K 冲锋枪

>> **装备情况**

AEK–919K 冲锋枪的使用范围比较广泛,目前,俄罗斯部分军队和执法机构仍装备该枪。

>> **枪托设计**

AEK–919K 冲锋枪的枪托为伸缩式,并带有一个可翻转的塑料托底板。

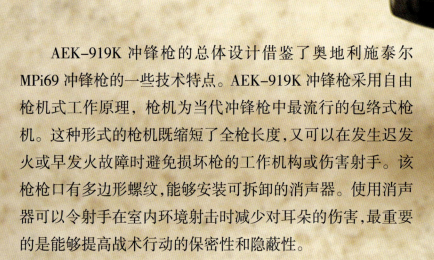

AEK–919K 冲锋枪的总体设计借鉴了奥地利施泰尔 MPi69 冲锋枪的一些技术特点。AEK–919K 冲锋枪采用自由枪机式工作原理, 枪机为当代冲锋枪中最流行的包络式枪机。这种形式的枪机既缩短了全枪长度,又可以在发生迟发火或早发火故障时避免损坏枪的工作机构或伤害射手。该枪枪口有多边形螺纹,能够安装可拆卸的消声器。使用消声器可以令射手在室内环境射击时减少对耳朵的伤害,最重要的是能够提高战术行动的保密性和隐蔽性。

AEK-919K 冲锋枪基本数据

口径:7.62 毫米

枪长:485 毫米(枪托展开)

枪重:1.65 千克

弹容:20 发 / 30 发

有效射程:100 米

理论射速:900 发 / 分

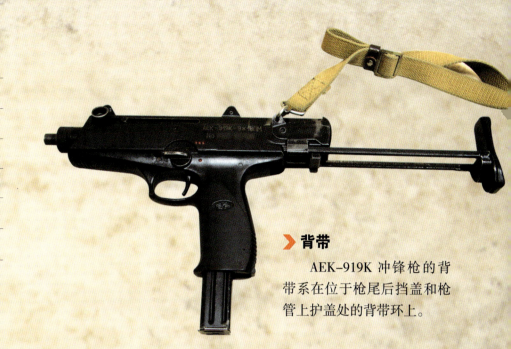

> **背带**

AEK-919K 冲锋枪的背带系在位于枪尾后挡盖和枪管上护盖处的背带环上。

改进

1990 年初,科夫罗夫技术工厂根据部队试用结果和战场需要,对 AEK-919K 冲锋枪进行了一系列改进。改进后的 AEK-919K 冲锋枪的结构更为紧凑,安全性也大大提高。

PP-90 冲锋枪

❯ **使用情况**

PP-90 冲锋枪最初少量装备于俄罗斯警察和安全部队,由于其操作性差,并未被广泛使用。

❯ **快速展开**

熟练使用 PP-90 冲锋枪的人将该枪从折叠状态完全展开,时间不会超过 4 秒。

❯ **弹匣**

为了精简结构,方便折叠,PP-90 冲锋枪的弹匣是直接插在直式握把内的。

PP-90 冲锋枪是一种折叠式冲锋枪,由 KBP 设计局设计,是阿雷斯 FMG 冲锋枪的仿制品,目的是为了让特工人员在一些场合下能够隐蔽地携带一种火力比手枪强大的自动武器。该枪结构紧凑,可迅速展开进入射击准备状态,便于隐藏携带。想要展开折叠状态的 PP-90 冲锋枪,需要先压下一个盒式活动连接销,松开两个铰接机构后,武器便可展开。

▶ 失败的设计
　　PP-90 冲锋枪的设计思路是正确的,设计目标也是十分先进的,只是设计者并未对实际使用效果予以充分的重视,致使该枪因为可靠性差而成为失败的设计。

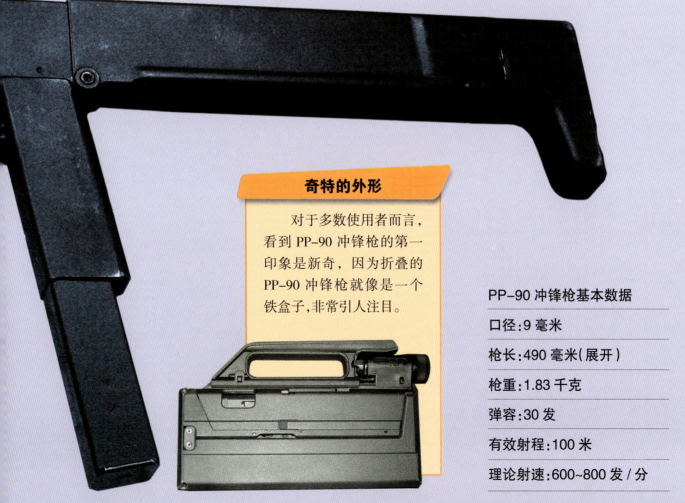

奇特的外形
　　对于多数使用者而言,看到 PP-90 冲锋枪的第一印象是新奇,因为折叠的 PP-90 冲锋枪就像是一个铁盒子,非常引人注目。

PP-90 冲锋枪基本数据

口径:9 毫米

枪长:490 毫米(展开)

枪重:1.83 千克

弹容:30 发

有效射程:100 米

理论射速:600~800 发 / 分

PP-93 冲锋枪

PP-93 冲锋枪是俄罗斯设计的一种近战武器,既可连发射击,也可单发射击,主要用于杀伤 100 米范围内的有生目标,适合在狭小的空间内执行隐蔽任务。PP-93 冲锋枪的外形特点与完全展开的 PP-90 冲锋枪基本相同。但由于 PP-93 冲锋枪并不具备折叠功能,所以在内部结构和外部连接点上,PP-93 冲锋枪的设计并不复杂,枪身也更加坚固。

▶ 易于操控

PP-93 冲锋枪具备控制容易、操作简单的优点,危急时刻,射手甚至可以单手射击。

设计特点

PP-93 冲锋枪是 PP-90 折叠式冲锋枪的一种非折叠改进型,全枪由钢板冲压制成,采用自由枪机式工作原理。

PP-93 冲锋枪基本数据

口径:9 毫米

枪长:325 毫米

枪重:1.47 千克

弹容:20 发 / 30 发

有效射程:100 米

理论射速:600~800 发 / 分

▶ 发射子弹

PP-93 冲锋枪可发射改进的高膛压 PMM 手枪弹，也可发射标准的 PM 手枪弹。

▶ 继承和发扬

PP-93 冲锋枪继承了 PP-90 冲锋枪的先进设计思想，并在此基础上进行了优化设计。

PP-19 冲锋枪

> **战术附件**

　　PP-19 冲锋枪可根据射手的使用习惯和战术任务的需要,配备消声器、枪口制退器、枪口补偿器和枪口消焰器等战术附件。

PP-19冲锋枪是在AK74和AK100系列突击步枪的基础上设计而成的。PP-19冲锋枪的发射机构与AK74M突击步枪的发射机构几乎完全相同。复合材料和钢制作的简形弹匣是PP-19冲锋枪最引人注目的地方，简形弹匣安装在枪管的下方，可充当护木使用。简形弹匣的重心位置适当，而且在持续射击时还可以起到隔热作用。最新改进的弹匣在右侧增加了四个开口，并分别标有4、24、44和64的数字，用于显示弹匣中的余弹量。

PP-19冲锋枪基本数据

口径：9毫米

枪长：425毫米

枪重：2.1千克

弹容：64发

有效射程：100米

理论射速：700发／分

27

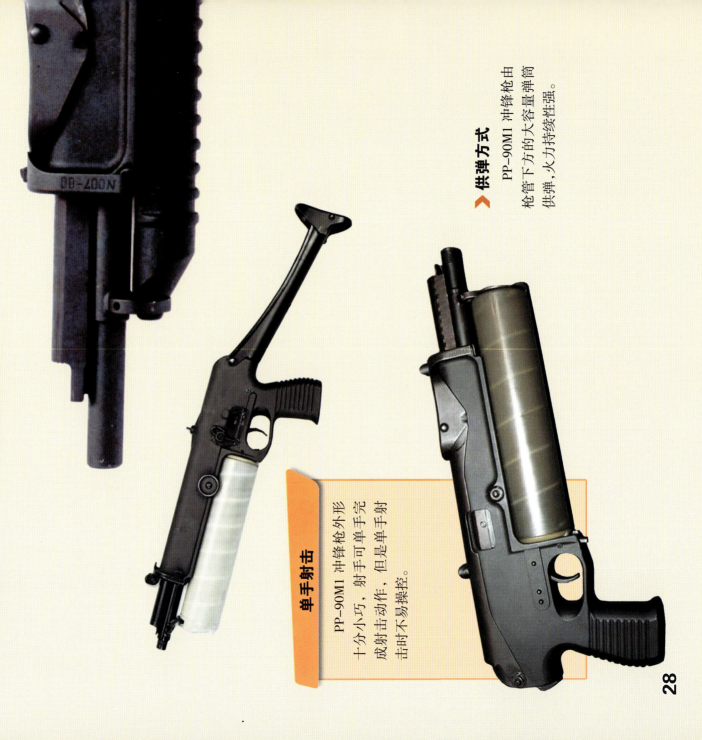

PP—90M1 冲锋枪

单手射击

PP—90M1 冲锋枪外形十分小巧，射手可单手完成射击动作，但是单手射击时不易操控。

28

尽管 PP-90M1 冲锋枪的名字听起来让人很容易将其误解成是 PP-90 折着式冲锋枪的改进型，但实际上，PP-90M1 完全是一种全新设计的武器，而且已经具备了明显的时代特征，那就是大量采用工程塑料。除向上折着的枪托采用冲压钢板制成外，其余主体均由塑料制成。塑料制成的螺旋弹筒大大减轻了枪身的重量，盒形弹匣由金属制成，因此 PP-90M1 重量较轻。

PP-90M1 冲锋枪基本数据

口径：9 毫米

枪长：620 毫米（枪托展开）

枪重：1.7 千克

弹容：64 发

有效射程：200 米

理论射速：500 发／分

▶ **供弹方式转换**

PP-90M1 冲锋枪
可以通过一个转换器
改用普通弹匣供弹。

AKS-74U 冲锋枪

▶ 使用情况

AKS-74U 冲锋枪的装备数量相当多,至今,我们还能在地区冲突中看到它的身影。

AKS-74U 冲锋枪基本数据

口径:5.45 毫米

枪长:735 毫米(枪托展开)

枪重:2.71 千克

弹容:弹鼓 90 发

有效射程:200 米

理论射速:650~1 000 发 /分

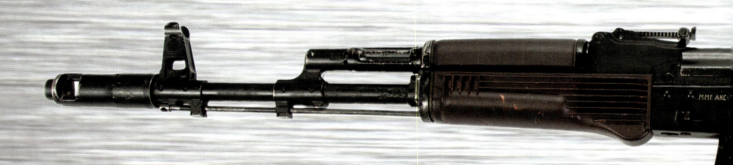

AKS-74U 冲锋枪是苏联枪械设计师卡拉斯尼科夫在 AK74 步枪的基础上改进而成的,由苏联国家兵工厂制造。该枪于 1974 年定型生产,并于 1977 年列装部队。AKS-74U 冲锋枪主要用于列装特种小分队、空降部队、工兵、通信兵、炮兵、车辆驾驶员、飞机机组成员、导弹部队和执法机构的特种部队。虽然 AKS-74U 冲锋枪的表尺射程有 500米,但其实际射程通常在 200 米内。

▶ 性能特点

AKS-74U 冲锋枪枪管较短,所以枪口初速较低,射程较短,是一种近距离自卫武器。

▶ 改进之处

卡拉斯尼科夫在 AK74 步枪的基础上,通过改进枪管长度、膛线密度、弹膛形状、自动机构和供弹机构后,设计出了 AKS-74U 冲锋枪,两枪有部分零件通用。

PP-2000 冲锋枪

PP-2000 冲锋枪由俄罗斯 KBP 仪器设计局研制,于 2004 年首次露面。PP-2000 是为适应反恐战斗需要而研制的冲锋枪,适合作为非军事人员的个人防卫武器或特种部队和特警队的室内近战武器使用。为简化维护作业和降低造价,PP-2000 冲锋枪的结构十分简单,零部件极少,全枪外形紧凑,体积较小,机匣与握把和扳机护圈由高强度塑料整体浇塑制成,扳机护圈的前部可以兼作前握把。

❯ 折叠枪托

PP-2000 冲锋枪的枪托可折叠,展开后射手可抵肩射击。

❯ 性能出色

PP-2000 冲锋枪采用独创的减速机构,保证了射击过程中的枪体可控性和子弹密集度。

PP-2000 冲锋枪基本数据

口径:9 毫米

枪长:300 毫米

枪重:1.4 千克

弹容:20 发 / 40 发

有效射程:100 米

理论射速:600 发 / 分

德国冲锋枪

MP18 冲锋枪

MP18 冲锋枪基本数据

口径：9 毫米

枪长：815 毫米

枪重：4.18 千克

弹容：20 发 /32 发

有效射程：150 米

理论射速：400 发 / 分

▶ 研制背景

第一次世界大战后期，德军将领首创的步兵渗透战术要求突击队员具备出色的机动性和强大的火力攻击能力，此时，笨重的步枪已经无法满足需要，于是，M18 冲锋枪应运而生。

MP18 冲锋枪是世界上第一支真正意义上的冲锋枪，这款枪是德国著名军械设计师施迈瑟在 1918 年设计的，由伯格曼军工厂生产制造。MP18 冲锋枪是一种使用手枪子弹的自动武器，虽然射程近、精度不高，但它适合单兵使用，并且具有较猛烈的火力。批量生产后，该枪便迅速列装德国军队。后来，《凡尔赛条约》规定禁止德国拥有 MP18 冲锋枪。

加工工艺

MP18 冲锋枪的加工工艺与后来兴起的铆接、焊接工艺比较起来较复杂，但该枪的加工工艺在当时已经达到了十分先进的水平。而且在生产条件相对落后的情况下，设计者实现了枪机结构的简便化。

▶ 生产效率

如果事先提供枪管和弹匣，一个枪械师可以在一天之内加工完成一支 MP18 冲锋枪，这在当时是很高的效率。

MP5(标准型)冲锋枪

1966年秋,联邦德国警备队将试用的 MPHK54 冲锋枪命名为 MP5 冲锋枪,这个名称就这样一直沿用至今。同年,瑞士警察也列装了 MP5 冲锋枪,从而使瑞士成为除德国以外第一个采用 MP5 冲锋枪的国家。MP5 冲锋枪是当今世界上最威名显赫的冲锋枪,它火力迅猛且有极高的精确度,这使它成为反恐部队及营救人质小组的首选武器。它的出镜率极高,从某种程度上说,MP5 冲锋枪已经成为了反恐力量的一种象征,拥有极高、极强的威慑力。

▶ **反恐精英**

对于恐怖分子来说,MP5 冲锋枪代表着死亡,许多恐怖分子甚至"谈 MP5 色变"。

我们经常可以在一些纪录片或影视作品中看到MP5冲锋枪的使用者用力拍拉机柄的潇洒镜头，这正是MP5冲锋枪的操作特色。

> **自信的宣传**

在武器市场上，MP5冲锋枪的宣传语是：当生命受到威胁，你别无选择。

MP5冲锋枪基本数据

口径：9毫米

枪长：680毫米

枪重：2.54千克

弹容：15发/30发

有效射程：200米

理论射速：800发/分

37

MP5SD 系列冲锋枪

> **结构简单**
>
> MP5SD 系列冲锋枪结构简单,设计精良,拆卸容易,维护方便。

MP5SD 系列冲锋枪是 MP5 系列冲锋枪的无声型,结构与 MP5 冲锋枪相同。该系列冲锋枪的研发始于 20 世纪 60 年代末期,至 70 年代初期研制成功。MP5SD 系列冲锋枪结构紧凑,并装有各类瞄准具和消声器,具有良好的射击精度,是设计比较成功的冲锋枪。MP5SD 的消声器采用了不分解结构,HK 公司的产品说明显示,积存在消声器内的碳残渣会随着继续发射的火药燃气从前端喷出,因而枪管无须拆卸清洗。

MP5SD1 冲锋枪基本数据

口径:9 毫米

枪长:550 毫米

枪重:2.8 千克

弹容:15 发 /30 发

有效射程:135 米

理论射速:800 发 / 分

▶▶ 瞄准装置

MP5SD 系列冲锋枪可配备机械瞄准具、望远瞄准镜、光点投射器和图像增强夜视瞄准具。

优势

MP5SD 系列冲锋枪有 6 种不同型号：MP5SD1 有机匣后盖而无枪托，MP5SD2 采用固定式枪托，MP5SD3 采用伸缩式金属枪托，MP5SD4、MP5SD5 和 MP5SD6 分别在上述三种型号上增设了三发点射控制机构。

MP5K 冲锋枪

    MP5K 冲锋枪是 HK 公司在 1976 年推出的短枪管冲锋枪。该枪火力猛烈,携带隐蔽,目前被德国和许多其他国家的特种部队、警察机构采用。MP5K 冲锋枪无枪托,在枪管下方设计有垂直小握把,小握把前方还设有一个向下延伸的凸块,目的是对握前握把的手指进行限位。这些设计特点使得该武器特别适合特警和反恐人员使用。使用者可双手持枪射击,以提高射击精度;也可以用单手射击,以应对突发情况。

▶ 外形特点

    MP5K 中的"K"是德语 Kurz 的首写字母,意为"短",这正是 MP5K 冲锋枪最明显的外形特点。

▶ 设计特点

MP5K 冲锋枪虽零件多、成本高,但具有良好的射击稳定性。

MP5K 冲锋枪基本数据

口径:9 毫米

枪长:325 毫米

枪重:2 千克

弹容:15 发 / 30 发

有效射程:100 米

理论射速:900 发 / 分

特殊型号

MP5K-PDW 冲锋枪是 MP5K 冲锋枪的紧凑型,专供车辆、飞机乘员等非一线战斗人员或其他不宜携带步枪、冲锋枪执行任务的人员使用。

MP5/10 冲锋枪

    MP5/10 冲锋枪是 HK 公司于 1991 年根据美国 FBI（联邦调查局）提出的要求，在 MP5 冲锋枪基础上研制出的发射 10 毫米 AUTO 弹的一种新型冲锋枪，该枪因此得名 MP5/10。

    MP5/10 冲锋枪现在已经停止生产和销售，原因可能是执法机构已经决定选择 11.43 毫米口径的冲锋枪来代替原有的 10 毫米或 10.16 毫米口径的冲锋枪。

MP5/10 系列冲锋枪中的最新型号是 MP5/10N 冲锋枪，该枪是根据美国海军特种部队的需要而研制的，即海军型 MP5/10 冲锋枪。

MP5/10 冲锋枪基本数据

口径：10 毫米

枪长：680 毫米

枪重：2.67 千克

弹容：30 发

有效射程：100 米

理论射速：800 发 / 分

▶ 枪托

MP5/10 冲锋枪的枪托可以折叠，折叠后的枪托紧贴在枪身右侧。

HK UMP45 冲锋枪

UMP45 冲锋枪基本数据

口径：11.43 毫米

枪长：450 毫米

枪重：2.1 千克

弹容：25 发

有效射程：100 米

理论射速：580~700 发 / 分

战术附件

UMP45 冲锋枪可安装小握把、瞄准镜、战术灯等战术附件。

为尽快满足特种部队在执行特殊任务时的需要，HK 公司开发了全新的适合特种部队作战使用的 11.43 毫米口径通用冲锋枪，简称 UMP45。UMP45 冲锋枪的开发标志着 HK 公司在武器设计理念上有了重大的转变。UMP45 冲锋枪的结构简单，并大量采用非金属材料，从而减轻了枪体重量，降低了成本。UMP45 冲锋枪以其优良的性能和值得信赖的质量，深受广大枪械使用者喜爱。

▶ 折叠枪托

UMP45 冲锋枪的可折叠枪托坚固、轻便，而且抵肩射击时非常舒适。

▶ 控制性

为了提高控制性，UMP45 冲锋枪安装了射速控制器。

▶ 知名度

UMP45 冲锋枪不仅在现实中深受枪迷喜爱，而且出现在游戏中的 UMP45 冲锋枪，也是玩家的首选武器之一。

MP7 冲锋枪

▶ 市场宠儿

在如今的轻武器市场上，MP7 冲锋枪可谓大红大紫。短短几年时间内，MP7 冲锋枪就已经出口到了 17 个国家。

MP7 冲锋枪于 1999 年正式亮相,原名为"单兵自卫武器"。MP7 冲锋枪凭借体积小、重量轻等优点在世界轻武器市场备受关注,销量较好。MP7 冲锋枪在原型枪的基础上,扳机上方增加了可双手操作的枪机保险,武器的安全性得到提高。MP7 冲锋枪的人机工效较好,在结构设计上十分注重可操作性,快慢机、弹匣扣、枪机保险等均能左右手操作。除更换弹匣外,整个操枪射击过程完全可以由单手完成。

MP7 冲锋枪基本数据

口径:4.3 毫米

枪长:590 毫米(枪托展开)

枪重:1.6 千克

弹容:20 发 / 40 发

有效射程:200 米

理论射速:950~1 000 发/分

战术导轨

MP7 冲锋枪的机匣上方和小握把右侧设计有皮卡汀尼导轨,可用于安装瞄准镜、激光指示器、战术灯等附件。

HK53 冲锋枪

▶ 主要缺陷

　　HK53 冲锋枪枪管较短，发射的弹药不能在枪管内充分燃烧，因此枪口的火焰和声响都特别大。

▶ 射击模式

　　HK53 冲锋枪可通过调节快慢机实现单发、连发射击或三发点射。

　　HK53 冲锋枪由德国 HK 公司研制，结构紧凑，体积较小，便于携行，用于在近距离内杀伤敌方有生目标。HK 公司以 HK33 突击步枪为设计蓝本，在更换了短枪管，并经过细节优化后，设计出了 HK53 冲锋枪。HK53 冲锋枪发射 M193 和 SS109 两种子弹时，可轻易穿透防弹衣，如发射穿甲弹更可穿透车辆的轻装甲，威力极强。HK53 冲锋枪既可作为冲锋枪用，也可作为突击步枪用。

HK53 冲锋枪基本数据

口径：5.56 毫米

枪长：755 毫米（枪托展开）

枪重：3.05 千克

弹容：25 发

有效射程：400 米

理论射速：700 发 / 分

枪托设计

　　HK53 冲锋枪可配用传统的固定式塑料枪托或双杆伸缩式金属枪托，在可伸缩枪托完全缩入时，该枪长度仅有 563 毫米。必要时，使用者还可以把枪托完全拆卸下来，换上机匣后盖。

MP43 冲锋枪

MP43 冲锋枪是由德国黑内尔公司、毛瑟公司和埃尔玛公司在第二次世界大战末期开始大量生产的冲锋枪，也是世界上最先使用中间型枪弹的冲锋枪。德国设计师根据战斗对于火力的需求和士兵携带弹药的体力上限，以及持续作战的需要，为 MP43 冲锋枪选择了 30 发弧形弹匣。30 发弹匣的重量适中，士兵可以大量携带。而且 30 发弹匣能够很好地保证火力的持续性。MP43 冲锋枪在战场上的出色表现，使它得到了前线部队的广泛好评。

制造工艺

MP43 冲锋枪的生产工艺比较简单，因此该枪看起来比较粗糙。

实战表现

在第二次世界大战中，三四个手持 MP43 冲锋枪的德军士兵可以压制一个班的手持 M1 冲锋枪的美军士兵，甚至是数量更多的使用波波莎冲锋枪的苏联士兵。

弹匣

时至今日，世界上众多知名枪械仍使用 30 发弹匣，可见这种 30 发弹匣设计的优越性。

MP43 冲锋枪基本数据

口径：7.92 毫米

枪长：940 毫米

枪重：5.22 千克

弹容：30 发

有效射程：200 米

理论射速：700 发 / 分

MPL 冲锋枪

　　MP 是德文"冲锋枪"的缩写，MP 枪族有两种型号，分别为枪管较长的 MPL 冲锋枪和枪管较短的 MPK 冲锋枪。MPL 冲锋枪于 1963 年定型并投产，至 1987 年停产。

　　MPL 冲锋枪的枪机形状很特殊，呈"L"形，其上部重量较大，并向前延伸至枪管上方，起到机框的作用，内部还留有容纳枪机导杆的通孔，弹底窝平面则位于枪机下部。该枪机采用较短的机匣，全枪设计紧凑。另外，枪机两侧还设有纵槽，可容纳灰尘和油泥等物质，保证了枪机在各种恶劣条件下动作的可靠性。

▶ 钢管枪托

　　MPL 冲锋枪的枪托由钢管制成，折叠后可紧贴在枪身右侧。该枪托虽重量较轻，但也存在稳固性差、容易弯曲等缺点。

枪管护套

MPL 冲锋枪的上机匣向前延伸形成枪管护套，护套两侧有散热孔，可加速散热。

MPL 冲锋枪基本数据

口径：9 毫米

枪长：746 毫米（枪托展开）

枪重：3 千克

弹容：32 发

有效射程：200 米

理论射速：550 发 / 分

设计特点

MPL 冲锋枪有很多零件都是用厚钢板冲压件制成的，枪机结实耐用，且便于维护保养。

结构特点

MPL 冲锋枪结构简单，拆卸和组装都很方便，枪背带方便携行。

MPK 冲锋枪

  1972 年发生在德国慕尼黑奥运会上的劫持事件中，德国警察携带 MPL 和 MPK 冲锋枪企图营救被劫持人质，但是营救失败，导致全部人质丧生。虽然这次行动失败并不是 MPK 冲锋枪导致的，但是这次事件让 MPK 冲锋枪的名誉一落千丈，并最终被 MP5 冲锋枪所取代。

  但是，20 世纪 70 年代末成立的三角洲特种部队仍然选用 MPK 冲锋枪，可见此枪还是有过人之处的。但是在 MP5 冲锋枪的挤压下，MPK 冲锋枪因为没有足够的市场来维持正常的生产运作，最终于 1987 年停产。

MPK 冲锋枪基本数据

口径：9 毫米

枪长：659 毫米（枪托展开）

枪重：2.83 千克

弹容：32 发

有效射程：100 米

理论射速：550 发 / 分

意大利冲锋枪

M12 冲锋枪

M12 冲锋枪基本数据

口径:9 毫米

枪长:645 毫米

枪重:2.98 千克

弹容:20 发 / 30 发 / 40 发

有效射程:200 米

理论射速:550 发 / 分

　　意大利伯莱塔公司生产的 12 型冲锋枪简称 M12 冲锋枪,于 1959 年推出。1961 年,该枪成为意大利军队的制式冲锋枪,并出口到许多国家。M12 冲锋枪的结构设计很紧凑,操作简单,性能可靠,但是 M12 冲锋枪在国际上并不出名。M12 冲锋枪采用常见的自由后坐式原理和开膛待击工作方式,发射 9 毫米枪弹,而所采用的包络式枪机也是多数现代冲锋枪的典型特征。

M12S 冲锋枪

伯莱塔公司于 1978 年在原来生产的 M12 冲锋枪的基础上，重新设计了新的 M12S 冲锋枪。该枪推出后迅速成为意大利军队的制式武器，巴西和印度尼西亚被特许生产并列装该枪。此外，M12S 冲锋枪还被用于一些国家的执法机构中。

M12S 冲锋枪的前握把可以帮助射手控制枪口上跳，因此单、连发射击精度俱佳，在有效射程内的射击精度值得称赞。

市场地位

M12S 冲锋枪出众的性能、低廉的价格和可靠的操作性，使其成为世界军火市场上举足轻重的角色。

▶ 特殊处理

M12S 冲锋枪的枪管和膛线经过镀铬处理，能提高使用寿命和增强抗腐蚀能力。

M12S 冲锋枪基本数据

口径：9 毫米

枪长：645 毫米

枪重：2.98 千克

弹容：32 发

有效射程：200 米

理论射速：650 发 / 分

▶ 性能特点

M12S 冲锋枪容易控制、自然指向性好，而且结构紧凑、维护简单。

M4 冲锋枪

1982年,位于意大利都灵的赛茨公司开始研制 M4 冲锋枪。当时欧洲经常遭到恐怖袭击,赛茨公司针对本国12年来的城市反恐活动的经验教训,设计了一种隐蔽性极好并能在极近射程内提供即时火力的小型突击武器,即 M4 冲锋枪,绰号"幽灵"。

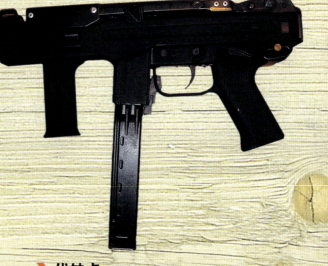

▶ 生产和使用

批量生产的 M4 冲锋枪很快被意大利的保安和执法机构选用,并出口到其他国家。

▶ 优缺点

M4 冲锋枪采用闭膛待机的工作方式,其优点是命中精度较高,但该枪以连发为主,散热困难。

M4 冲锋枪基本数据

口径:9 毫米

枪长:580 毫米

枪重:2.9 千克

弹容:30 发 / 50 发

有效射程:100 米

理论射速:850 发 / 分

其他国家冲锋枪

英国 司登冲锋枪

第二次世界大战开始后，英国枪械设计师谢波德和杜赛宾开始在英菲尔兵工厂研发冲锋枪。新式冲锋枪根据研发者姓名和工厂名字得名 Sten，中文音译为"司登"。司登冲锋枪结构非常简单，枪管、套筒、枪托都是圆的，枪机拉柄也是小圆管。但司登冲锋枪的安全性很差，许多盟军士兵还没有到前线就被自己的冲锋枪击伤甚至击毙。司登冲锋枪有五个型号，分别是：MKI、MKII、MKIII、MKIV 和 MKV。

▶ 突击首选

司登冲锋枪在近战中是优秀的武器，曾一度成为突击队员的首选武器。

使用情况

第二次世界大战中，英军列装了大量司登冲锋枪，同时英国还将该枪空投给占领区内的盟军，包括在法国、马来西亚等地的盟军。

▶ 司登 MKII 冲锋枪

　　MKII 冲锋枪是司登冲锋枪中最耐用的型号，第二次世界大战期间，英国一共制造了超过十万支该型号冲锋枪。

MKII 冲锋枪基本数据

口径：9 毫米

枪长：760 毫米

枪重：3.18 千克

弹容：32 发

有效射程：100 米

理论射速：600 发 / 分

英国 L34A1 微声冲锋枪

▶ 枪管护套

L34A1 微声冲锋枪枪管护套上的孔状设计可以大大提高散热能力。

1967 年，斯特林 L34A1 微声冲锋枪替代了第二次世界大战期间研制的司登 MK Ⅱ S 微声冲锋枪，该武器主要列装英国特别空勤团等特种部队。

L34A1 微声冲锋枪的使用范围非常广泛，全世界有六十多个国家采购过 L34A1 微声冲锋枪，例如加拿大、新西兰、马来西亚、印度、利比亚、尼日利亚等国和海湾地区的部分阿拉伯国家。

▶ 射击模式

L34A1 微声冲锋枪以单发射击为主，连发射击只适合在紧急情况中使用。

优势

L34A1 微声冲锋枪的机匣上焊接有两个螺钉，可用于安装光学瞄具或夜视设备，该枪在特殊环境中的作战能力较强。

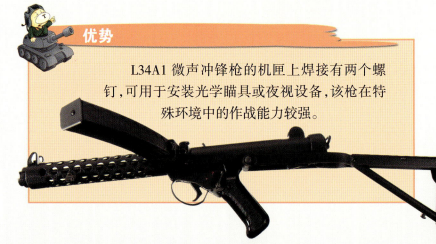

L34A1 微声冲锋枪基本数据

口径：11.4 毫米

枪长：690 毫米

枪重：1.77 千克

弹容：30 发

有效射程：150 米

理论射速：550 发 / 分

奥地利 MPi69/MPi81 冲锋枪

　　1960年,奥地利施泰尔–曼利夏有限公司在雨果·斯托阿瑟的指导下,成功研制了 MPi69 冲锋枪,用以列装奥地利军队和警察。随后,施泰尔–曼利夏有限公司又对其进行改进,推出了 MPi81 冲锋枪。

　　MPi69 冲锋枪的大部分零件为冲压件,部分为模铸塑料件,结构简单、工艺性良好。MPi69 冲锋枪采用自由枪机式工作原理,枪机结构为包络式,枪机包络大部分枪管,从而可使枪的重心上移,减小该枪在射击时的翻转力矩,提高连发精度。

MPi69 冲锋枪基本数据

口径:9 毫米

枪长:670 毫米

枪重:2.93 千克

弹容:25 发

有效射程:100 米

理论射速:650 发 / 分

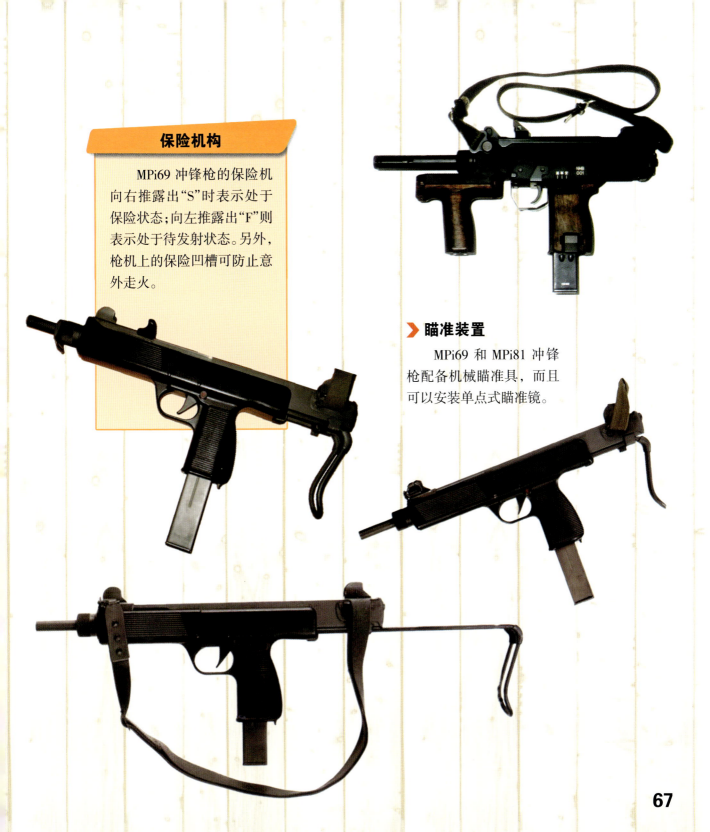

保险机构

　　MPi69 冲锋枪的保险机向右推露出"S"时表示处于保险状态;向左推露出"F"则表示处于待发射状态。另外,枪机上的保险凹槽可防止意外走火。

▶ **瞄准装置**

　　MPi69 和 MPi81 冲锋枪配备机械瞄准具,而且可以安装单点式瞄准镜。

奥地利 TMP 冲锋枪

▶▶ 射击模式

TMP 冲锋枪可利用双动扳机选择单、连发射击方式,当扳机位于第一个作用点时为单发,继续扣动扳机通过单发点后则为连发射击。

TMP 冲锋枪基本数据

口径:9 毫米

枪长:282 毫米

枪重:1.3 千克

弹容:15 发 /30 发

有效射程:100 米

理论射速:850 发 / 分

TMP 冲锋枪是可用于单手发射、同时兼有冲锋枪和手枪双重功能的武器。该枪几乎全部采用塑料配件,全枪仅有 41 个零件,这使该枪枪体结构简单、操作简便。TMP 冲锋枪采用机械瞄准具,瞄准具由片状准星和缺口式照门表尺组成。奥地利还在 TMP 冲锋枪的基础上重新研制了只用于单发射击的特种用途冲锋枪,列装执法部门。

 结构

TMP 冲锋枪的结构独特,安装消声器后,可作为微声冲锋枪使用。

性能特点

TMP 冲锋枪十分轻巧,仅比手枪略大一些,但是火力迅猛。

69

瑞士 MP9 微声冲锋枪

　　MP9 微声冲锋枪是一种枪管短后坐式武器，是瑞士布鲁加-托梅公司研制的一种既能徒手射击又能抵肩射击，并能隐蔽携带的小型冲锋枪。MP9 微声冲锋枪携带舒适安全，配备背带的 MP9 微声冲锋枪可以挂在携带者的脖子上或者肩膀上。与其他冲锋枪不同的是，MP9 微声冲锋枪可以装在枪套里携带。为了穿着大众服装以及在乘车等情况下携

出色性能

　　MP9 微声冲锋枪采用枪管短后坐自动方式，后坐力较小，使用者抵肩射击时能很好地控制该枪。另外，该枪结构严密，在发射 6 000 发枪弹后，即使不经擦拭，该枪也不会出现故障。

带，MP9 微声冲锋枪可使用肩背枪套，枪口始终对准目标方向，一旦遇到紧急情况，射手可迅速地出枪射击，进入战斗状态。

❯❯ 子弹

布鲁加–托梅公司声称，MP9微声冲锋枪适合使用世界上任何一种现有的9毫米鲁格枪弹。

MP9 微声冲锋枪基本数据

口径：9 毫米

枪长：725 毫米

枪重：1.4 千克

弹容：15 发 / 20 发 / 25 发 / 30 发

有效射程：100 米

理论射速：650 发 / 分

❯❯ 制造材料

MP9 微声冲锋枪大量采用工程塑料，具备坚固耐用、防腐性好、重量轻的优点。

葡萄牙 FBP M948 冲锋枪

FBP M948 冲锋枪是由葡萄牙的贡卡弗斯·卡多索少校设计、葡萄牙普拉塔·布拉科兵工厂生产的一款冲锋枪。这款枪是葡萄牙在研究世界许多成功冲锋枪后独立研发设计的第一款冲锋枪。

FBP M948 冲锋枪具有结构简单、使用可靠和价格低廉的优点。该枪采用自由枪机式工作原理，只能连发射击，瞄准装置采用了机械瞄准具，准星为片状，设在机匣的前方，表尺为觇孔照门固定式表尺。

制造工艺

FBP M948 冲锋枪的制造大量采用了冲、焊、铆等生产工艺，是当时世界上经济性最好、可靠性最高的冲锋枪之一。

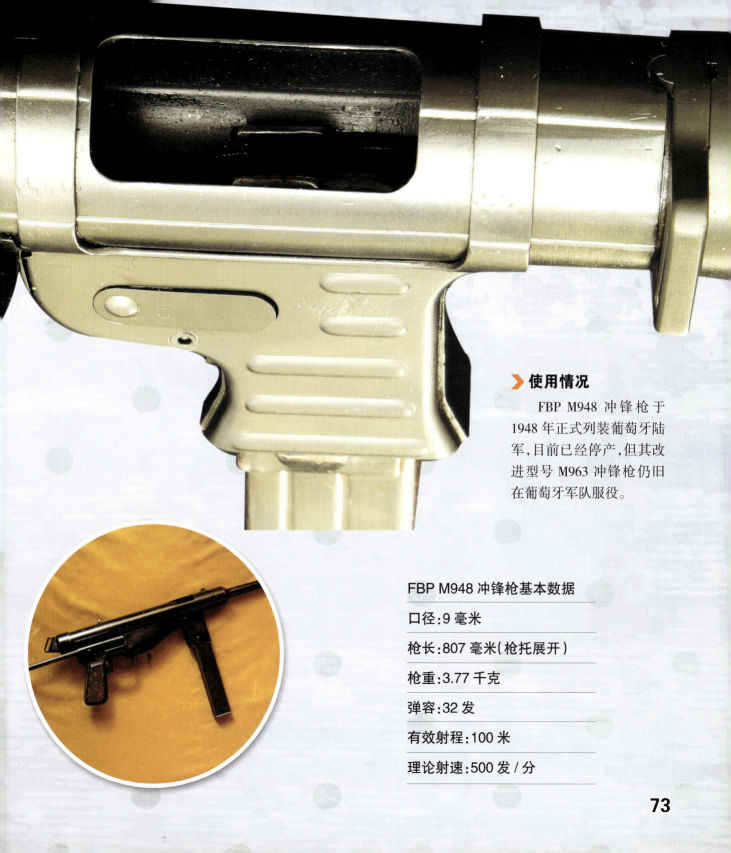

❯ **使用情况**

　　FBP M948 冲锋枪于1948年正式列装葡萄牙陆军，目前已经停产，但其改进型号 M963 冲锋枪仍旧在葡萄牙军队服役。

FBP M948 冲锋枪基本数据

口径:9 毫米

枪长:807 毫米(枪托展开)

枪重:3.77 千克

弹容:32 发

有效射程:100 米

理论射速:500 发 / 分

葡萄牙 卢萨冲锋枪

卢萨冲锋枪，又称为卢萨 A1 冲锋枪。卢萨是现今葡萄牙在罗马时期的名字。卢萨冲锋枪结构简单、紧凑，并且动作可靠。由于卢萨冲锋枪的销量并不是很理想，葡萄牙国家军品工业公司在 2004 年变卖了所有的模具、工装和卢萨冲锋枪生产权。几个美国人合伙出资将其收入囊中，并且组建了卢萨美国公司。该公司主要向民间市场销售半自动型卢萨冲锋枪，也试图向一些执法机构和联邦机关推销其全自动型卢萨冲锋枪。

▶▶ 射击模式

卢萨冲锋枪设计有快慢机,可以在单发和连发之间自由转换射击模式。

卢萨冲锋枪基本数据

口径:9 毫米

枪长:600 毫米

枪重:2.5 千克

弹容:30 发

有效射程:100 米

理论射速:900 发 / 分

两种型号

卢萨冲锋枪有两种结构形式,标准型配有螺母紧固的可拆卸枪管;另一种型号采用固定式枪管,枪管由冷却接套固定在机匣上。

瑞典 M45 冲锋枪

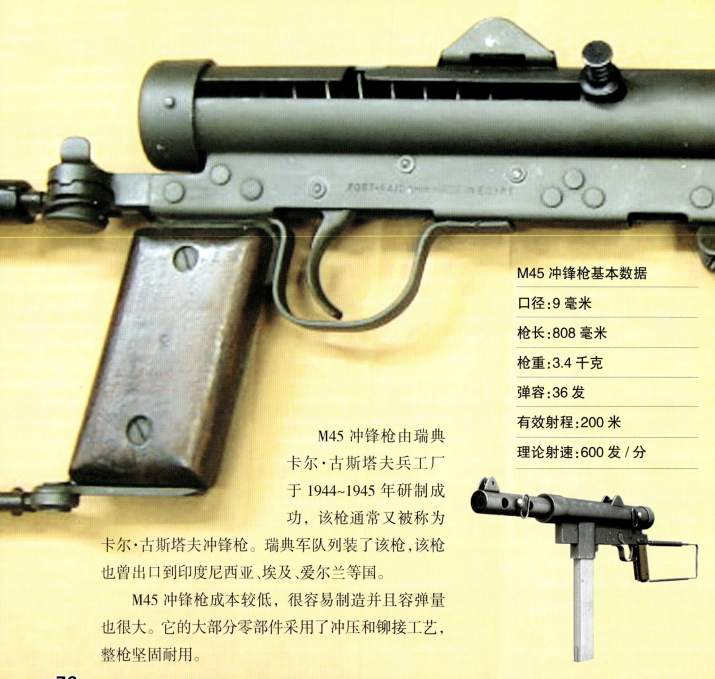

M45 冲锋枪基本数据

口径：9 毫米

枪长：808 毫米

枪重：3.4 千克

弹容：36 发

有效射程：200 米

理论射速：600 发 / 分

M45 冲锋枪由瑞典卡尔·古斯塔夫兵工厂于 1944~1945 年研制成功，该枪通常又被称为卡尔·古斯塔夫冲锋枪。瑞典军队列装了该枪，该枪也曾出口到印度尼西亚、埃及、爱尔兰等国。

M45 冲锋枪成本较低，很容易制造并且容弹量也很大。它的大部分零部件采用了冲压和铆接工艺，整枪坚固耐用。

使用情况

M45 冲锋枪如今已经停产，但在瑞典军队中仍有少量 M45 冲锋枪服役。

多种型号

M45 冲锋枪有 M45B、M45C 和 M45E 等变型枪。

枪管

M45 冲锋枪的枪管是一个独立部件，拧下枪管护筒后，枪管可从机匣节套中抽出。

77

捷克 VZ61 冲锋枪

VZ61 冲锋枪基本数据

口径：7.65 毫米

枪长：522 毫米

枪重：1.3 千克

弹容：10 发 / 20 发

有效射程：100 米

理论射速：800 发 / 分

>> **设计意图**

　　VZ61 冲锋枪是为了满足特殊兵种或执行特殊任务的特种部队的需要而设计的。

▶ 射击方式

VZ61 冲锋枪既可作为手枪单手射击，还可采用双手持枪的方式进行射击，射击时射手一手握弹匣，另一手抓住握把，能较好地控制射击方向。

VZ61 冲锋枪绰号"蝎"，该枪既有手枪的小巧灵便，也有冲锋枪的强大火力，因此特别适合在车辆等窄小空间内使用。VZ61 冲锋枪的命中精度高，可单发或连发射击，并配有消音器。VZ61 冲锋枪具有制造精良、结构简单、动作可靠、零部件互换性好的优点，但没能避免有效射程近、只适合 25 米内的战斗、安装消音器后的后坐力大、不易控制的缺点。另外，VZ61 冲锋枪在打开枪托抵肩射击时，由于枪托太短，眼睛距照门太近，很难构成正确的瞄准线，所以枪托的实用价值较小。

南斯拉夫 MGV-176 冲锋枪

MGV-176 冲锋枪是南斯拉夫仿照美国 American-180 冲锋枪生产的新型冲锋枪，这款冲锋枪于 20 世纪 80 年代问世，主要供国内特种部队和警察作为个人自卫和战斗武器使用，也供出口。

MGV-176 冲锋枪大部分零部件采用高强度复合材料制造，全枪结构紧凑，质量小，使用方便。这款枪在连发射击时，后坐力很小，并且拥有极高的射速和命中率。此外，该枪还可以配用 M88 消声器。

射击模式

MGV-176 冲锋枪的单、连发射击模式是通过扳机行程控制的：扳机处于第一行程时为单发射击，扳机处于第二行程时为连发射击。

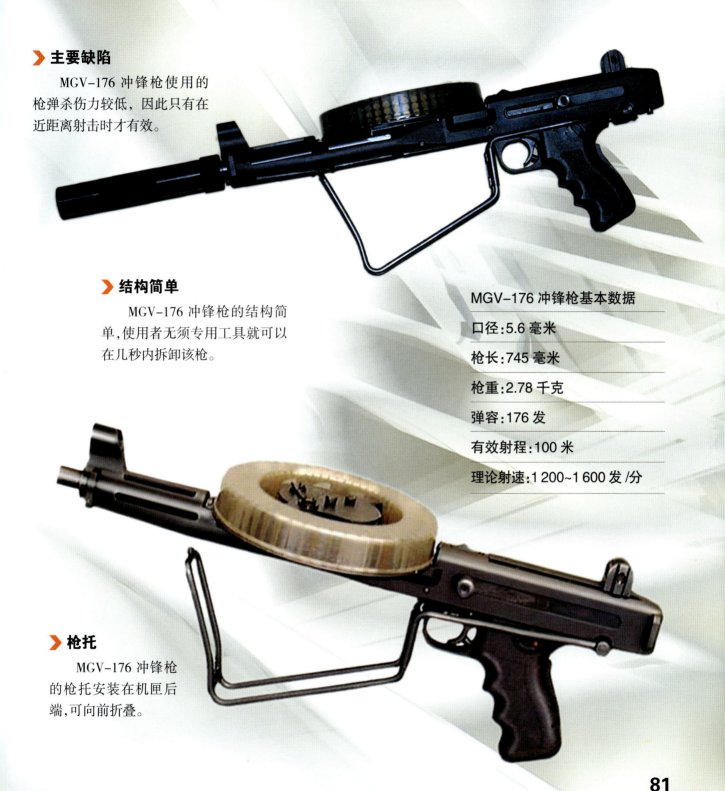

▶ 主要缺陷

MGV-176 冲锋枪使用的枪弹杀伤力较低，因此只有在近距离射击时才有效。

▶ 结构简单

MGV-176 冲锋枪的结构简单，使用者无须专用工具就可以在几秒内拆卸该枪。

MGV-176 冲锋枪基本数据

口径:5.6 毫米

枪长:745 毫米

枪重:2.78 千克

弹容:176 发

有效射程:100 米

理论射速:1 200~1 600 发/分

▶ 枪托

MGV-176 冲锋枪的枪托安装在机匣后端，可向前折叠。

波兰 PM84 冲锋枪

前握把

　　PM84 冲锋枪配备可折叠式前握把，由黑色塑料制成，坚固耐用且重量较轻。

PM84 冲锋枪基本数据

口径:9 毫米

枪长:575 毫米

枪重:2.07 千克

弹容:15 发 / 25 发

有效射程:150 米

理论射速:650 发 / 分

性能特点

　　PM84 冲锋枪设计紧凑,射击精度高, 并且点射时稳定性好,该枪因此通常被用作重型武器操作员或战斗载具成员的自卫武器,也被侦察分队、特种部队和警察用作战斗武器。

▶ 配件

PM84 冲锋枪标准的配件为一根枪带、一个帆布枪套、一个弹匣袋和一个弹匣。

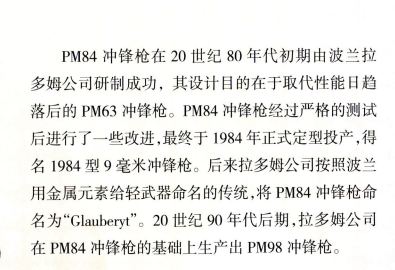

PM84 冲锋枪在 20 世纪 80 年代初期由波兰拉多姆公司研制成功，其设计目的在于取代性能日趋落后的 PM63 冲锋枪。PM84 冲锋枪经过严格的测试后进行了一些改进，最终于 1984 年正式定型投产，得名 1984 型 9 毫米冲锋枪。后来拉多姆公司按照波兰用金属元素给轻武器命名的传统，将 PM84 冲锋枪命名为"Glauberyt"。20 世纪 90 年代后期，拉多姆公司在 PM84 冲锋枪的基础上生产出 PM98 冲锋枪。

比利时 FN P90 冲锋枪

FN P90 冲锋枪完全是根据《美国轻武器总规划》中提出的总体规划与要求开发的,该武器虽然动能一般,但在 200 米最远射程上的多发命中率极高。而且,FN P90 冲锋枪弹匣容量大,可以让使用者能够轻松地应对各种险情,使弹匣更换次数降至最低。由于 FN P90 冲锋枪的子弹初速高,后坐力适中,弹匣容量大,到目前为止,该冲锋枪已制造了数万支,成为现今性能最佳的军用冲锋枪之一。

FN P90 冲锋枪基本数据

口径:5.7 毫米

枪长:500 毫米

枪重:2.54 千克

弹容:50 发

有效射程:150 米

理论射速:900 发 / 分

❯❯ 使用情况

目前,科威特、阿曼和沙特阿拉伯列装了 FN P90 冲锋枪,美国特种部队也对 FN P90 冲锋枪情有独钟。

瞄准具

　　FN P90 冲锋枪的瞄准具主要是光学瞄准镜，这是一种昼夜功能俱佳的瞄准镜，可以帮助射手迅速捕捉目标。

以色列"乌兹"冲锋枪

▶ 性能可靠

"乌兹"冲锋枪可靠性高,扔进水里、埋进沙里,甚至从高空扔下,它都依然能正常射击。

实战表现

在一次反劫机行动中,以色列"哈贝雷"特种部队队员使用"乌兹"冲锋枪,在极短时间内击毙全部劫机恐怖分子,而特种部队队员无一受伤。

标准型"乌兹"冲锋枪基本数据

口径：9 毫米

枪长：500 毫米

枪重：3.5 千克

弹容：20 发 / 25 发 / 32 发 / 40 发 / 50 发

有效射程：150 米

理论射速：600 发 / 分

"乌兹"冲锋枪是以色列军人乌兹·盖尔于 1949 年研制成功的轻型武器。1951 年，以色列开始批量生产"乌兹"冲锋枪。1954 年，"乌兹"冲锋枪全面列装以色列军队。

"乌兹"冲锋枪小巧精悍，结构简单，性能优良，有极强的近短程火力，是举世公认的最优秀的冲锋枪之一。目前，有许多国家的特种部队选用该枪作为突击武器。

法国 MAT49 冲锋枪

　　法国陆军技术部为了实现本国武器制式化，拟定了新型轻武器发展规划，因此才有了 MAT49 冲锋枪的研制成功。MAT49 冲锋枪于 1950 年列装法国部队,该冲锋枪可以杀伤 200 米以内的有生目标。MAT49 冲锋枪大量采用厚钢板冲压件,结构坚固、紧凑。该枪采用自由枪机式工作原理,包络式枪机结构,外形为长方体。当枪弹出现早开火或迟开火故障时,这种包络式枪机能起到防止炸壳和保护枪体的作用。

▶ 保险装置
　　MAT49 冲锋枪采用握把式保险,必须按压才可发射子弹。

MAT49 冲锋枪基本数据

口径:9 毫米

枪长:720 毫米

枪重:3.5 千克

弹容:20 发 / 32 发

有效射程:100 米

理论射速:600 发 / 分

▶ 优点

MAT49 冲锋枪的机匣采用低成本的金属冲压件,不仅缩短了生产时间,还便于维修。

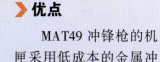

▶ 实用性

MAT49 冲锋枪的实用性好,受到了法国军警人士的青睐。

设计特点

MAT49 冲锋枪的弹匣及弹匣卧槽可以向前折叠 45°,与枪管平行,这种设计适合伞兵携带。MAT49 冲锋枪的复进簧和导杆安装在枪机内,大大减小了机匣长度,整枪紧凑、耐用。

▶ 瞄准装置

MAT49 冲锋枪采用机械瞄准具,准星为带护翼的可调式片状准星。

图书在版编目(CIP)数据

突击勇士——冲锋枪 / 崔钟雷主编. -- 北京：知
识出版社，2014.6
　（经典兵器典藏）
　ISBN 978-7-5015-8015-6

　Ⅰ．①突… Ⅱ．①崔… Ⅲ．①冲锋枪 –世界 – 青少年
读物 Ⅳ．①E922.13–49

中国版本图书馆 CIP 数据核字（2014）第 123746 号

突击勇士——冲锋枪

出 版 人	姜钦云
责任编辑	李易飏
装帧设计	稻草人工作室
出版发行	知识出版社
地　　址	北京市西城区阜成门北大街 17 号
邮　　编	100037
电　　话	010–51516278
印　　刷	莱芜市新华印刷有限公司
开　　本	787mm×1092mm　1/24
印　　张	4
字　　数	100 千字
版　　次	2014 年 7 月第 1 版
印　　次	2014 年 7 月第 1 次印刷
书　　号	ISBN 978-7-5015-8015-6
定　　价	24.00 元